献给孩子们的一份
无比珍贵的知识大礼包

有声伴读

神奇的物理

神奇的速度

李建峰◎编绘

应急管理出版社

·北京·

有一天，小乌龟高高兴兴地离开家，出门去找朋友。
"我会遇到什么样的朋友呢？"小乌龟想。

在树林里，小乌龟遇到了许多动物朋友。

瞧，有猎豹、野兔、鸵鸟……

小乌龟热情地向朋友们打招呼："大家好，我是小乌龟。"

　　这时，鹦鹉扑棱着翅膀，说："山羊奶奶烤了香喷喷的饼干，邀请大家过去品尝。"

　　"哇，我们来比赛吧，先到的可以多吃点。"野兔提议。

　　"好啊！好啊！"其他动物都纷纷点头答应。

比赛开始！

动物们拔腿就跑，小乌龟也使劲地向前爬。可是，通过相同的路程，小乌龟花的时间最多，速度是最慢的。

等小乌龟到了，饼干早已被大家吃光了。朋友们挠挠头，不好意思地说："小乌龟，对不起。"

　　小乌龟跟朋友们告别，继续往前走。他来到了老爷爷家的门口，遇见了斑马、猴子、小花猫。

　　"小朋友们，可以帮我到远处摘些草莓吗？"老爷爷笑着说。

　　"当然可以！"动物们纷纷点头答应。

猴子提议说："摘草莓的同时，我们来比赛吧！看看谁能在规定的时间内走得最远。"

"好啊！好啊！"大家都同意了。

比赛开始。

在这场比赛中，小乌龟又得了最后一名。

小花猫捂着嘴说："小乌龟，走得越远，摘到的草莓越大。你摘的草莓都这么小，应该是附近的吧？"

小乌龟低下头，说："是的。但对我来说，这段距离已经很远了。"

在相同的时间内，小乌龟走过的路程最短，速度又是最慢的。

　　小乌龟跟朋友们告别，继续往前走。在森林深处，他遇到了一只凶猛的老虎。

　　"小乌龟，你看起来很好吃。明天，你和我比赛跑步。要是你赢了，我就不吃你；要是你输了，我就把你吃掉！"老虎恶狠狠地说。

　　夜里，老虎美滋滋地想："明天，我就可以吃到美味的乌龟肉啦！"

　　小乌龟却着急得睡不着，躲在河边哭了起来。哭声惊醒了河边的鳄鱼。

　　"呜呜呜，我的速度这么慢，怎么可能跑赢老虎啊？"小乌龟说。

　　"小乌龟，别担心，我有办法……"鳄鱼悄悄地给小乌龟出了一个主意。

第二天，老虎和小乌龟来到了比赛的地点。

小乌龟向老虎发起了挑战："老虎，你在河岸上跑，我在河水里游，怎么样？"

"好啊！好啊！快点开始吧！"老虎一口答应。

比赛开始！

一开始，老虎像离弦的箭一样冲了出去，跑得很快。但渐渐地，小乌龟追上了老虎并超过了它。时间过得越久，小乌龟超出得越多。

"哎哟，好累啊！"老虎累得喘不过气来。

　　最后，小乌龟率先抵达终点。它激动地喊："哇，我赢了！"

　　老虎哭丧着脸，说："怎么会这样？我竟然输给了慢性子的小乌龟。"

　　小乌龟究竟是怎么赢得比赛的呢？

原来，是河里的鳄鱼帮助了小乌龟呀！

小乌龟趴在鳄鱼身上，鳄鱼在水里以流线型的身体快速游动，比岸上的老虎受到的阻力要小，能够长时间保持较高的速度，所以才会比老虎快。

"鳄鱼，谢谢你救了我！"小乌龟感激地说。

图书在版编目（CIP）数据

神奇的物理．神奇的速度/李建峰编绘 ．－－北京：应
急管理出版社，2024

ISBN 978 - 7 - 5020 - 9865 - 0

Ⅰ．①神… Ⅱ．①李… Ⅲ．①速度—儿童读物 Ⅳ.
①O4 - 49

中国国家版本馆 CIP 数据核字(2023)第 183532 号

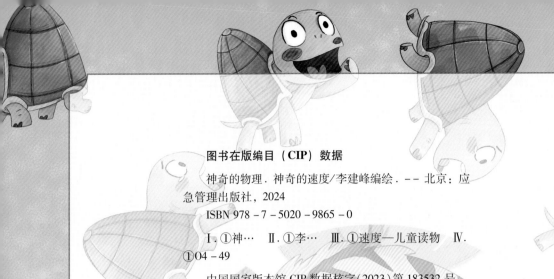

神奇的物理 神奇的速度

编　绘	李建峰
责任编辑	孙　婷
封面设计	太阳雨工作室

出版发行	应急管理出版社（北京市朝阳区芍药居 35 号　100029）
电　话	010 - 84657898（总编室） 010 - 84657880（读者服务部）
网　址	www. cciph. com. cn
印　刷	德富泰（唐山）印务有限公司
经　销	全国新华书店

开　本	889mm×1194mm$^1/_{16}$　印张 10　字数 100 千字
版　次	2024 年 1 月第 1 版　2024 年 1 月第 1 次印刷
社内编号	20210965　　　定价 198.00 元（共五册）